Inhalt

Biowärme, Biogas, Biodiesel - Biomasse als Ersatz für Erdöl wird zunehmend marktreif

Kernthesen

Beitrag

Fallbeispiele

Zahlen und Fakten

Weiterführende Literatur

Impressum

GENIOS BranchenWissen Nr. 02/2006 vom 24.02.2006

Biowärme, Biogas, Biodiesel - Biomasse als Ersatz für Erdöl wird zunehmend marktreif

Autor GENIOS BranchenWissen: A.Schneider

Kernthesen

- Biomasse Holz, Pflanzenabfälle, Stroh, Dung etc. - kann als Energielieferant genutzt und in Heizenergie, Strom, Kraftstoff oder Gas umgewandelt werden.
- 2005 wurde doppelt so viel Biogasstrom produziert als bisher, Holzpellets für Gebäudeheizungen wurden sogar um 100 Prozent mehr verkauft.
- Dänemark und Deutschland sind bei der Biogasnutzung führend; knapp 700 neue Biogasanlagen wurden im vergangenen Jahr

in Deutschland gebaut, 1 000 sollen es dieses Jahr sein.
- Der Absatz an Biokraftstoffen hat sich 2005 auf zwei Millionen Tonnen nahezu verdoppelt, ab Sommer 2006 sollen sie allerdings besteuert werden.

Beitrag

Während ausgerechnet Präsident Bush die Energiewende einläutet und Biomasse als Ersatz für Erdöl hoffähig macht, die Europäische Union auf Biokraftstoffe setzt und bis zum Jahr 2010 den Anteil von Kraftstoffen aus Biomasse auf 5,75 Prozent steigern will, plant die deutsche Bundesregierung ab Sommer 2006 Biodiesel mit bis zu 15 Cent pro Liter zu besteuern und den Boom damit zu bremsen. Verkehrte Welt?

Bioenergie liegt im Trend

nicht nur dank des amerikanischen Präsidenten. Dieser hat derzeit ehrgeizige Pläne in Sachen alternativer Energie. George W. Bush träumt davon, mehr als 75 Prozent der amerikanischen Ölimporte aus dem Nahen Osten bis 2025 zu ersetzen.

Solarenergie, Windtechnik und Biomasse werden damit hoffähig. Künftig soll mehr Biowärme den Amerikanern die Wohnung heizen, mehr Biostrom ihnen Licht liefern und mehr Biodiesel ihre Autos antreiben. Zu verantwortungsvollen Abfallverwertern sollen sie werden. Denn ihr Präsident will künftig beispielsweise Bioalkohol nicht mehr nur aus Maiskolben, sondern vor allem aus jener Biomasse gewinnen, die bisher als land- und forstwirtschaftlicher Abfall weggeworfen wurde. Aus Getreidestroh, Holzhäcksel, Sägemehl und Switch Grass (eine im Mittleren Westen üppig wachsende Hirseart) soll Bioalkohol hergestellt werden. Und die gesamte Erneuerbare-Energien-Branche schöpft Hoffnung, dass Bushs Appell eine regelrechte Investitionslawine lostreten wird. (1), (2)

In der Tat liegt die Bioenergie enorm im Trend. Auch das Geschäft mit der Biomasse floriert angesichts stark gestiegener Preise für Öl, Erdgas und Kohle. Zudem wird in Deutschland der Ausbau der erneuerbaren Energien mit Vergütungen für die Einspeisung von Ökostrom gefördert. Das zeigt Wirkung: 2005 wurden doppelt so viel Biogasstrom und Biokraftstoffe produziert als bisher. Holzpellets für Gebäudeheizungen wurden um 100 Prozent mehr verkauft. (3) Derzeit sind die meisten Firmen auf dem Biomasse-Markt noch relativ klein und mittelständisch. Zwar wird schon viel exportiert, vor allem Biogasanlagen, dennoch mangelt es naturgemäß noch an umfangreicher Erfahrung.

Biomasse als Energielieferant

Biomasse bezeichnet die Gesamtheit der Masse an organischem Material in einem definierten Ökosystem, das biochemisch synthetisiert wurde. Sie enthält also die Masse aller Lebewesen, der abgestorbenen Organismen und die organischen Stoffwechselprodukte. (4)
Biomasse kann fest sein wie Holz, Stroh, Pflanzenabfälle, Dung oder flüssig wie Pflanzenöl, Biodiesel, Alkohol oder gasförmig wie Biogas. In der Biomasse ist Sonnenenergie gespeichert. Sie kann mittels technischer Verfahren als Energielieferant genutzt werden. Prinzipiell kann jegliche biologische Masse in Heizenergie, Strom, Öl, Benzin oder Gas umgewandelt werden. Dies geschieht weitgehend umweltfreundlich, da nur die Menge CO_2 ausgestoßen wird, die zuvor biochemisch gebunden wurde. Besonders geeignete Biomasselieferanten sind natürlich Pflanzen. Auf vielen landwirtschaftlichen Flächen könnten künftig statt Nahrungsmittel Energiepflanzen angebaut werden.
Bei verstärktem Ausbau der Bioenergie könnten 2030 rund 16 Prozent des Stroms, 10 Prozent der Wärme

und 12 Prozent des Kraftstoffs in Deutschland selbst erzeugt werden, schätzen der Bauernverband, der Bundesverband Bioenergie und die Union zur Förderung von Öl- und Proteinpflanzen. (5), (1)

Bio-Strom und Bio-Wärme gewinnen an Bedeutung

Aus Biomasse können Strom und Wärme gewonnen werden. 62 Milliarden Kilowattstunden (kWh) Strom werden in Deutschland inzwischen aus Erneuerbaren Energien gewonnen. Zehn Milliarden stammen dabei aus Biomasse. [Abb.1] (6)
Knapp 1,6 Prozent des deutschen Stromverbrauchs entfallen auf Biomasse. Das sind in erster Linie Holzkraftwerke, wie sie Siemens baut, oder Biogasanlagen von Landwirten.
Bei der Wärmeerzeugung mit alternativen Energien stammen bereits 94 Prozent aus Biomasse. (7)
Ihr Anteil am Wärmeverbrauch hingegen liegt bei etwa vier Prozent am. So gibt es in Deutschland rund neun Millionen Holz- und Kohleöfen sowie Kamine, etwa 1 100 Biomasseheizkraftwerke und etwa 40 000 Holzpelletsheizungen. (1)

Biogas: 1 000 neue Anlagen geplant

Werden biologische Materialien unter Luftabschluss von Bakterien zersetzt, entsteht Biogas. Es besteht - wie Erdgas hauptsächlich aus dem Kohlenwasserstoff Methan, ist geruchlos, brennbar und kann zur Energieerzeugung eingesetzt werden. Biogas wird zumeist aus landwirtschaftlichen Abfällen und Reststoffen gewonnen. Derzeit werden Mais, Getreide und Gras am meisten zur Produktion von Biogas verwendet. Eine Biogasanlage kann aber auch Abfälle aus der Lebensmittelindustrie, z.B. Fette und Öle oder Brauereiabfälle, verarbeiten und entsorgen.
Vor allem für landwirtschaftliche Betriebe ist die Biogasnutzung ein ökonomisch interessanter, ergänzender Produktionszweig. Biogas wird als Brennstoff für Blockheizkraftwerke zur Stromerzeugung oder zu Heizungszwecken genutzt. Forscher arbeiten auch daran, Biogas auf Ergasqualität aufzubereiten, um es ins Gasnetz einzuspeisen oder in Erdgasfahrzeugen als Treibstoff zu nutzen. (8)
Mit der Gülle von vier Kühen bzw. von 32 Schweinen oder mit dem Ertrag von 6 000 Quadratmeter Silomaisfläche könnte man genügend Biogas herstellen, um einen Vier-Personen-Haushalt mit Strom zu versorgen. (9)

Es gibt in Deutschland mehr als 350 Biogasunternehmen, in denen rund 8 000 Menschen arbeiten. Sie erzielten 2005 einen Umsatz von etwa 650 Millionen Euro. Die deutschen Biogasanlagen liefern mittlerweile eine Leistung von rund 650 Megawatt. Fast 700 neue Biogasanlagen wurden im vergangenen Jahr in Deutschland gebaut. Im laufenden Jahr sollen es sogar an die 1 000 sein.
In den nächsten 15 Jahren ließe sich der Biogasanteil bei der Stromerzeugung von momentan unter einem Prozent auf knapp 20 Prozent steigern. Dann wären rund 85 000 Menschen in der Biogasbranche tätig - etwa zehn Mal so viele wie heute. (10)

In den nächsten 5 bis 6 Jahren sollen in Deutschland konventionelle Erdgaskraftwerke mit einer Leistung von 7 000 Megawatt gebaut werden. Biogasexperten plädieren dafür, einen Großteil dieser Leistung durch das günstigere Biogas bereitzustellen. 2 200 Biogasanlagen mit einer Spitzenleistung von jeweils 3,2 Megawatt wären nötig, um die geplanten neuen Erdgaskraftwerke durch Biogasanlagen zu ersetzen. (11)

Dänemark und Deutschland sind in Europa bei der Biogasnutzung führend. Hier werden vor allem Strom produziert und landwirtschaftliche Reststoffe entsorgt. Netzferne, ländliche Regionen in Indien und

China nutzen Biogas zum Beispiel zum Kochen. In vielen Entwicklungsländern ist Biomasse der wichtigste Energieträger.
In der chinesischen Provinz Sichuan beispielsweise wird aus Tierdung Biogas gewonnen.

Biokraftstoffe 2005 mit nahezu verdoppeltem Absatz

Als Biokraftstoffe sind am Markt Biodiesel (aus Raps) und - in geringeren Mengen - Bioethanol (aus Zucker) erhältlich. Brasilien beispielsweise stellt relativ günstig aus Zuckerrohr Ethanol her, das dann als Treibstoff verwendet wird. Als Biokraftstoffe der zweiten Generation werden großtechnisch hergestellte synthetische Designerkraftstoffe aus Biomasse bezeichnet. Diese sogenannten Biomass-to-Liquid-Kraftstoffe werden aus der gesamten Pflanze gewonnen und nicht nur aus den Früchten, wie etwa beim Rapsdiesel. Noch werden sie allerdings nicht in größeren Mengen produziert. (12)

Im vergangenen Jahr hat sich der Absatz an Biokraftstoffen auf zwei Millionen Tonnen nahezu verdoppelt. (13) Die Europäische Union will künftig mehr auf Biokraftstoffe setzen. Bis zum Jahr 2010 will sie den Anteil von Kraftstoffen aus Biomasse von derzeit etwa 3,4 Prozent auf 5,75 Prozent steigern. (14)

Start ins Öko-Energiezeitalter durch geplante Besteuerung der Bundesregierung gefährdet?

Biodiesel ist bislang von der Mineralölsteuer befreit, um dessen Markteinführung zu erleichtern und die höheren Produktionskosten etwas auszugleichen. Die aktuellen Pläne der deutschen Bundesregierung dürften die Biodiesel-Euphorie allerdings etwas dämpfen. Ab Sommer 2006 sollen Biodiesel und Bioethanol besteuert werden - reiner Biodiesel mit zehn Cent und beigemischter Sprit mit 15 Cent pro Liter. Die Hersteller sollen im Gegenzug aber verpflichtet werden, den Biosprit ihren fossilen Kraftstoffen beizumischen. Begründet wird das Ganze vom Finanzministerium mit Auflagen der EU, da nach EU-Recht zwar Kostennachteile bei der Herstellung von Biokraftstoffen ausgeglichen, aber Biokraftstoffe darüber hinaus nicht begünstigen werden dürfen. Nach Ansicht des ADAC und des Verbandes der Biokraftstoffindustrie wird mit den geplanten Steuersätzen allerdings deutlich über dieses Ziel hinausgeschossen. Sie halten eine Steuer von fünf Prozent für reines Biodiesel für ausreichend und finden hier in Koalition und Opposition durchaus

Unterstützung. Die Debatte ist noch nicht zu Ende. (12), (25)

Fallbeispiele

Besonders berühmt ist das **Bioenergiedorf Jühnde** in Niedersachsen, das seinen gesamten Energiebedarf aus Biomasse deckt und damit pro Haushalt durchschnittlich 750 Euro im Jahr spart. (15) Generell hat Niedersachsen ein hohes Potential für Biogasanlagen. Es wird auf mindestens 1 500 Anlagen geschätzt. Sie könnten zusammen 2,6 Milliarden kWh Strom erzeugen und damit mindestens fünf Prozent des Gesamtstromverbrauches in Niedersachsen decken. (9) Den bundesweit höchsten Anteil erneuerbarer Energien am Gesamtverbrauch hat Thüringen. Knapp 87 Prozent der in Thüringen erzeugten regenerativen Energie wird aus Biomasse gewonnen. Mit staatlichen Geldern wurde in den vergangenen Jahren unter anderem die Errichtung von 8 773 Biomasseanlagen gefördert. (16)

Der Ausbau der Biomasseanlagen verläuft weitgehend unspektakulär. Doch fast täglich sind in der Presse neue Meldungen über die Errichtung von

Biomasseanlagen zu lesen. So will die **Burgenlandkäserei in Bad Bibra** in den nächsten Monaten von Erdgas auf Biomasse umstellen. 1,5 Millionen Euro wird die Burgenlandkäserei investieren. Ein Drittel wird vom Land gefördert. (17) Auch in **Bad Neustadt** wird derzeit über ein Biomasse-Heizkraftwerk nachgedacht. Damit könnten dann Strom und Wärme für das Industriegebiet umweltfreundlich erzeugt und das sowieso bestehende Problem der Grüngutentsorgung gleich in einem Aufwasch erledigt werden. (18) Das **Kloster Metten im Landkreis Deggendorf** hat vor einigen Tagen sein 1 Million Euro teures Biomasse-Heizwerk eingeweiht. (19) In **Bad Brückenau** macht das Projekt gläsernes Biomasse-Heizwerk Furore. (20) In **Bergkamen** in Nordrhein-Westfalen hat Anfang des Monats die RWE-Tochter **Harpen Energie Contracting GmbH** auf dem Gelände einer ehemaligen Kohlenzeche ein neues Biomasse-Kraftwerk in Betrieb genommen. (21) In **Bad Königshofen** läuft seit Oktober 2005 ein Biomasse-Heizkraftwerk, das mit natürlichem Holzhack-Gut und mit Restholz aus Sägewerken befeuert wird. Ein weiteres Heizwerk ist für Juni 2007 geplant. Durch den geplanten Bau des Biomasse-Heizwerkes können jährlich rund 600 000 Liter Heizöl oder eine entsprechende Menge an Gas eingespart werden. (22) Nicht entschieden ist, ob Tiefensee oder Seehofer gewinnt und damit Leipzig oder Braunschweig das

Rennen machen. Seit Jahren ist eigentlich geplant, das **Leipziger Institut für Energetik und Umwelt** zum deutschen Biomasse-Forschungszentrum auszubauen und dort die Nutzung von Biomasse als Brennstoff zu erforschen. Bis 2009 sollten 50 neue Stellen entstehen. (23)

Die Visionen in Sachen Biomasse gehen weit über simple Hackschnitzelanlagen hinaus. Nach dem Vorbild der Erdölraffinerien sollen regelrechte Bioraffinerien entstehen. In ihnen wollen Forscher und Ingenieure künftig Biomasse in großem Stile aufarbeiten und viele verschiedene Produkte herstellen. Bisher gibt es allerdings nur erste Demonstrationsanlagen, in denen das Konzept getestet wird. Ein deutscher Vorreiter auf diesem Gebiet ist die **Loick AG**. Sie errichtet in Mecklenburg-Vorpommern einen entsprechenden Standort. Gebaut wird zum Beispiel eine Anlage, die das Glycerin aufarbeitet, das als Nebenprodukt bei der Biodieselproduktion entsteht. Dieses Glycerin soll für die Pharma-, Kosmetik- und Nahrungsmittelindustrie vermarktet werden. (24)

Zahlen & Fakten

Hauptquellen für Ökostrom 2005

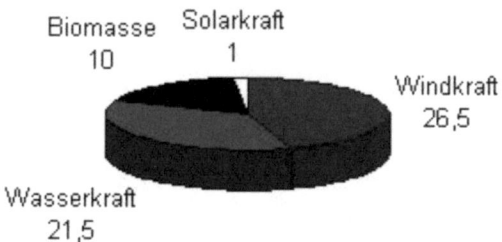

Quelle: Bundesumweltministerium, Arbeitsgruppe Erneuerbare-Energien-Statistik

Entnommen aus: Ökostrom könnte Atomenergie 2020 ersetzen, netzeitung.de vom 16.02.2006

Weiterführende Literatur

(1) Neue Energie für die Börse
aus Frankfurter Allgemeine Sonntagszeitung,
12.02.2006, Nr. 6, S. 43

(2) Amerika will vom Rohöl unabhängiger werden
aus Frankfurter Allgemeine Zeitung, 04.02.2006, Nr. 30,
S. 16

(3) Bundesverband Erneuerbare Energie e.V., Erneuerbare Energien: Alle Erwartungen übertroffen, www.bee-ev.de, Pressemitteilung vom 16.02.2006
aus Frankfurter Allgemeine Zeitung, 04.02.2006, Nr. 30, S. 16

(4) O.V., Biomasse, www.wikipedia.org
aus Frankfurter Allgemeine Zeitung, 04.02.2006, Nr. 30, S. 16

(5) Deutsche Energie-Agentur GmbH (dena), Biomasse, Einführungsartikel zum Thema Biomasse, www.thema-energie.de, 2005
aus Frankfurter Allgemeine Zeitung, 04.02.2006, Nr. 30, S. 16

(6) Ökostrom könnte Atomenergie 2020 ersetzen
aus netzeitung.de vom 16.02.2006

(7) Boom bei Öko-Energie Bundesregierung peilt 25 Prozent Marktanteil an
aus Frankfurter Rundschau v. 17.02.2006, S.9, Ausgabe: S Stadt

(8) BINE Informationsdienst / Deutsche Energie-Agentur GmbH (dena), Biogas, Einführungsartikel zum Thema Biogas, www.thema-energie.de, 2004
aus Frankfurter Rundschau v. 17.02.2006, S.9, Ausgabe: S Stadt

(9) O.V., Biogas, www.wikipedia.org
aus Frankfurter Rundschau v. 17.02.2006, S.9,

Ausgabe: S Stadt

(10) Bundesverband Erneuerbare Energie e.V. (BEE), Biogas weiter im Aufwind, www.bee-ev.de, 24.01.2006 aus Frankfurter Rundschau v. 17.02.2006, S.9, Ausgabe: S Stadt

(11) Bundesverband Erneuerbare Energie e.V. (BEE), Biogaskraftwerke verhindern Engpässe in der Gasversorgung - Neubau von konventionellen Gaskraftwerken überflüssig, www.bee-ev.de, 9. Februar 2006
aus Frankfurter Rundschau v. 17.02.2006, S.9, Ausgabe: S Stadt

(12) Autoindustrie setzt auf Designer-Sprit aus Biomasse
aus Stuttgarter Nachrichten, 16.02.2006, S. 14

(13) Verbraucher nutzen zunehmend erneuerbare Energiequellen
aus Stuttgarter Zeitung, 17.02.2006, S. 12

(14) Bio-Kraftstoffe sollen mehr Unabhängigkeit aus Bonner General-Anzeiger, 09.02.2006, S. 19

(15) O.V., Jühnde, www.wikipedia.org
aus Bonner General-Anzeiger, 09.02.2006, S. 19

(16) O.V., Thüringen hat bundesweit den höchsten Anteil erneuerbarer Energien am Gesamtverbrauch, Strom aus Holzschnitzeln fürs grüne Herz, LVZ/Leipziger-Volkszeitung, 07.02.2006, S. 4, Ausgabe:

Osterländer Volkszeitung
aus LVZ/Leipziger-Volkszeitung, 07.02.2006, S. 4

(17) Mit Holzfeuer unterm Kessel Energie aus Biomasse sorgt für Bewegung
aus Mitteldeutsche Zeitung vom 16.02.2006

(18) Wärme aus heimischen Wäldern Landkreis prüft die Errichtung eines Millionen teuren Biomasse-Heizkraftwerkes
aus MAINPOST Ausgabe vom 16.02.2006

(19) Kloster Metten setzt auf Biowärme
aus Passauer Neue Presse vom 10.02.2006

(20) Aus Holz mach Geld Energie-Agentur will Landkreis um 24 Millionen Euro reicher machen
aus MAINPOST Ausgabe vom 09.02.2006

(21) Biomasse-Kraftwerk in Betrieb
aus taz NRW, 08.02.2006, S. 1

(22) Heizenergie aus Biomasse für die Innenstadt "Fernwärme GmbH" plant Heizwerk mit Holzabfällen
aus MAINPOST Ausgabe vom 03.02.2006

(23) Dunte, Andreas, Biomasse-Zentrum: Leipzig nimmt weitere Hürde, LVZ/Leipziger-Volkszeitung, 16.02.2006, S. 8
aus LVZ/Leipziger-Volkszeitung, 16.02.2006, S. 8

(24) Großtechnische Nutzung von Bio-Rohstoffen
Großtechnische Nutzung von Bio-Rohstoffen

Bioraffinerien sollen nach dem Vorbild der Erdölindustrie landwirtschaftliche Produkte hocheffizient umsetzen - Erste Anlagen im Bau
aus DIE WELT, 06.02.2006, Nr. 31, S. 27

(25) Biodiesel-Branche bangt um Existenz
aus Handelsblatt Nr. 026 vom 06.02.06 Seite 6

Impressum

Biowärme, Biogas, Biodiesel - Biomasse als Ersatz für Erdöl wird zunehmend marktreif

Bibliografische Information der deutschen Nationalbibliothek

Die Deutsche Nationalbibliothek verzeichnet diese Publikation in der deutschen Nationalbibliografie; detaillierte bibliografische Daten sind im Internet über http://dnb.d-nb.de abrufbar.

ISBN: 978-3-7379-2325-5

© 2015 GBI-Genios Deutsche Wirtschaftsdatenbank GmbH, Freischützstraße 96, 81927 München, www.genios.de

Alle Rechte vorbehalten. Dieses Werk ist einschließlich aller seiner Teile – z.B. Texte, Tabellen und Grafiken - urheberrechtlich geschützt. Jede Verwertung außerhalb der Grenzen des Urheberrechtsgesetzes bedarf der vorherigen Zustimmung des Verlags. Dies gilt insbesondere auch für auszugsweise Nachdrucke, fotomechanische

Vervielfältigungen (Fotokopie/Mikroskopie), Übersetzungen, Auswertungen durch Datenbanken oder ähnliche Einrichtungen und die Einspeicherung und Verarbeitung in elektronischen Systemen.